FORSCHUNGSBERICHTE DES LANDES NORDRHEIN-WESTFALEN

Nr. 3147 / Fachgruppe Physik/Chemie/Biologie

Herausgegeben vom Minister für Wissenschaft und Forschung

Prof. Dr. med. vet. Dieter Seidler
Prof. Dr. med. vet. Jürgen Baumgart
Fachbereich Lebensmitteltechnologie
Fachhochschule Lippe

Quantitativer spezifischer Schnellnachweis von Mikroorganismen in Lebensmitteln durch ein Immun-Chemilumineszenz-Verfahren

Westdeutscher Verlag 1982

```
CIP-Kurztitelaufnahme der Deutschen Bibliothek

Seidler, Dieter:
Quantitativer spezifischer Schnellnachweis von
Mikroorganismen in Lebensmitteln durch e.
Immun-Chemilumineszenz-Verfahren / Dieter
Seidler ; Jürgen Baumgart. - Opladen : West-
deutscher Verlag, 1982.
   (Forschungsberichte des Landes Nordrhein-
   Westfalen ; Nr. 3147 : Fachgruppe Physik,
   Chemie, Biologie)
   ISBN 978-3-531-03147-7
NE: Baumgart, Jürgen:; Nordrhein-Westfalen:
Forschungsberichte des Landes ...
```

ISBN 978-3-531-03147-7   ISBN 978-3-322-87714-7 (eBook)
DOI 10.1007/978-3-322-87714-7

Inhalt

I Problemstellung

Mikroorganismen führen häufig zum Verderb von Lebensmitteln und somit
zu hohen volkswirtschaftlichen Verlusten. Neben dem Verderb können die
sich im Lebensmittel vermehrenden Mikroorganismen zu Erkrankungen des
Konsumenten führen. Solche "Lebensmittelvergiftungen" haben trotz ver-
besserter hygienischer Maßnahmen in den letzten Jahren zugenommen.
Mikrobieller Verderb und mikrobiell bedingte Lebensmittelvergiftungen
können jedoch verringert werden, wenn die hygienische Beschaffenheit
des Lebensmittels vom Rohmaterial bis zur Abgabe an den Verbraucher
stärker kontrolliert wird. Diese Kontrolle, die bereits bei dem Her-
steller von Lebensmitteln zu beginnen hat, muß sich auf eine quantitative Analyse der wichtigsten Genera erstrecken. Ein ausschließlicher
Nachweis der aeroben Kolonienzahl ist für die Beurteilung eines Lebensmittels unzureichend (Sharpe 1979). Ein quantitativer Nachweis der
Genera oder Species mit Hilfe von Selektivmedien und anschließender
biochemischer Diagnose dauert auch mit den miniaturisierten Multitest-
systemen (API, Enterotube, Inolex, Minitek u. a.) länger als 4-6 Tage.
Dadurch ist für die Erzeuger von Lebensmitteln eine Regulierung der
Produktion oder des Vertriebs nicht mehr möglich. Bei auftretenden
"Lebensmittelvergiftungen" liegen bedingt durch die zu lange Diagnose-
zeit die Ergebnisse zu spät vor, so daß eine spezifische medizinische
Behandlung der Erkrankten oder gezielte prophylaktische Maßnahmen zur
Verhinderung einer Ausbreitung der Erkrankung oder weiteren Verbreitung
der Mikroorganismen durch das Lebensmittel erschwert werden.
Hinzu kommt, daß wegen ihrer morphologischen und biochemischen Verwandt-
schaft, bestimmte Mikroorganismen mit Selektivmedien quantitativ nicht
genau erfaßt und getrennt werden können. Dies gilt z. B. für die Genera
Pediococcus, Leuconostoc, Streptococcus und Lactobacillus.

Im Hinblick auf die unbestrittene technologische Bedeutung dieser
Mikroorganismen wäre eine spezifische quantitative Erfassung dieser
Mikroorganismen erforderlich. Auch in hygienischer Hinsicht wäre dies
wünschenswert, da einige Species dieser Genera biogene Amine bilden,
die zur Erkrankung des Menschen führen können (Sinell, 1978; Baumgart
et. al. 1979).

Bei dem quantitativen Nachweis der Bakterien der Familie Streptococca-
ceae und Lactobacillaceae wird immer noch davon ausgegangen, daß nach
selektiver Kultivierung verdächtige Kolonien stichprobenartig isoliert
und biochemisch differenziert werden (Ordonez, 1979).

Dieses Verfahren ist aufwenig, langwierig und für eine quantitative
Aussage unsicher.

Während in den letzten Jahren in der Identifizierung der Mikroorganismen
und ihrer Stoffwechselprodukte z. B. durch Verwendung der Multitest-
systeme (Southern 1979), des Einsatzes der Gaschromatographie (Holdeman
et. al. 1977), der enzymatischen Profilanalyse (Bascomb 1976)_, des
Nachweises von Stoffwechselprodukten mit elektrophoretischen und chro-
matographischen Verfahen (Malik 1976) große Fortschritte erzielt wurden,
sind Methoden, die eine schnelle quantitative Aussage über den Gehalt
bestimmter Mikroorganismen zulassen, nur für einzelne, insbesondere
pathogene Mikroorganismen oder ihrer Toxine entwickelt worden. Dabei
handelt es sich in erster Linie um fluoreszenzserologische, immunelek-
trophoretische Verfahren, verschiedene Praecipitationsmethoden und um
Methoden mit radioaktiv markierten Antikörpern.

Diese Verfahren sind für den quantitativen spezifischen Nachweis von
Verderbs- und Indikatororganismen entweder nicht einsetzbar oder mit
Nachteilen behaftet, die ihre Verwendung in der Routine ausschließen.
Eine Möglichkeit des spezifischen Nachweises wird in immunenzymatischen
Verfahren gesehen. Die am häufigsten verwendeten Enzyme sind die
ß-Galactosidase, die Phosphatase und die Peroxidase (9, 10, 11). Der
Nachweis wird colorimetrisch oder spektralphotometrisch geführt (9, 10,
11). Eine wesentlich empfindlichere Methode zum quantitativen Nachweis
der Peroxidase ist ein Nachweis von Photonen, die bei der Oxidation von
Pyrogallol mit Hydrogenperoxid entstehen (12, 13).

Das Immun-Chemilumineszenz-Verfahren wäre für die Mikrobiologie aus
folgenden Gründen von großem Vorteil:

1. Das Verfahren läßt einen quantitativen Nachweis von pathogenen
   Mikroorganismen und Verderbsorganismen in ca. 30 min. erwarten,
   soweit spezifische Antiseren vorhanden sind oder gewonnen werden
   können.

2. Die Haltbarkeit der Peroxidase-Konjugate beträgt ca. 1 Jahr und ist
   somit wesentlich länger als die des Isotops ^{123}I, das vorwiegend
   bei der Immunradiometrie verwendet wird.

3. Das Verfahren wäre für die Automatisierung geeignet (Goldschmidt,
   M., D.Y.C. Fung: Automated instrumentation for microbiological
   analyses. Food Technol. _33_, 63, 1979) und könnte vom technischen
   Personal nach entsprechender Einarbeitung gefahrenlos im Gegensatz
   zum Arbeiten mit Isotopen durchgeführt werden.

Unter Verwendung enzymimmunologischer Techniken (Avrameas und
Ternyck, 1971; Nakane und Kawaoi, 1974; Sternberger, 1974) sollen
Bakterien spezifisch markiert werden. Gleichzeitig soll überprüft
werden, ob hierfür im Handel erhältliche Antiseren geeignet sind.
Darüber hinaus soll versucht werden, die der spezifischen Markierung
dienende Peroxidase auf den Bakterienoberflächen quantitativ mit
Hilfe eines Immun-Chemilumineszenzverfahrens (Halmann, Velarn und
Sery, 1977) zu erfassen, um auf diesem Wege die Zahl der spezifisch
markierten Bakterienzellen in kurzer Zeit bestimmen zu können.

II Eigene Untersuchungen

A. Material und Methoden

Nachstehende Geräte ermöglichten die Untersuchungen:

Kühlzentrifuge (Fa. Beckmann, Mod. J2-21)
Fraktionssammler (ISCO, Modell 1850)
UV-Detektor + Schreiber (ISCO, UV-VIS-Absorptions-Fluoreszenz-
Monitor UA5 mit eingebautem Schreiber)
Peristaltische Pumpe (Colora, Modell 3600 C)
Spektralphotometer (Zeiss, Modell PM2K)
Mit Kühlmantel versehene Säulen für Gelchromatographie
Lumineszenz Biometer (Fa. Du Pont, Modell 760)
Brutschränke
Kühlschränke
für begrenzte Zeit (leihweise):
Biocounter (ABIMED, Modell 2000)

1. Herstellung von Bakterienzellsuspensionen

Reinkulturen von
    Streptococcus faecalis (DSM 20376) Serumgruppe D
    Escherichia coli (ATCC 11303)
    Salmonella typhimurium
wurden in Standard-I-Nährbouillon (Merck) 24 Stunden bei 35°C
bebrütet. Anschließend wurde bei 10 000g 10 Minuten abzentrifugiert und in phosphatgepufferter 0,15m NaCl-Lösung (PBS) pH 6,9
aufgenommen. Der Waschvorgang wurde wiederholt. Die Bakteriensuspensionen wurden bei +4°C aufbewahrt. Sie dienten der spezifischen Markierung durch Peroxidase-Antikörper-Konjugat, den Kontrollen sowie z. T. auch der Hyper-Immunisierung von Kaninchen.
Bei der Austestung wurde darauf geachtet, daß möglichst frische
Zellsuspensionen zur Anwendung kamen. Die Zellzahlen wurden mit
Hilfe der Bürker-Türk-Kammer mikroskopisch sowie mit mikrobiolo-
gischen Kulturverfahren erfaßt.

2. Direkte enzymimmunologische Markierung von Bakterienzellen
   a) Antiseren
   Bei der direkten enzymimmunologischen Markierung kamen nachstehende Antiseren zur Anwendung:

Anti-Streptococcus faecalis-Serumgruppe D-Serum vom Kaninchen
Anti-Streptococcus faecalis-Serumgruppe A-Serum vom Kaninchen
Anti-Escherichia coli-polyvalent-Serum vom Kaninchen
Anti-Salmonella typhimurium-Serum vom Kaninchen
Anti-Salmonella-polyvalent-Serum vom Kaninchen

Diese Seren waren von der Herstellerfirma (Behringwerke AG,
Marburg) als Testserum für die Objektträgeragglutination ausge-
wiesen. Bei Verdünnungen über 1:40 war mikroskopisch keine
Agglutination mehr nachweisbar.

Darüber hinaus wurden 4 Kaninchen - zwei mit formalin-abgetöteten
Salmonella typhimurium-Zellen und zwei mit Streptococcus faecalis
Serumtyp D - aktiv subcutan und intramuskulär mit inkomplettem
Freund'schem Adjuvans (Fa. Travenol, München) hyperimmunisiert.

Die Objektträgeragglutination dieser Seren ergab nachweisbare
positive Reaktionen bis zur Verdünnungsstufe 1:80. Diese polyvalenten Antiseren erlaubten die Arbeit mit größeren Serum-Ansätzen
als dies bei kommerziellen Antiseren zu vertreten war.*

b) Gewinnung der Globulinfraktion aus den spezifischen Hyperimmunseren

Die spezifischen Antiseren wurden z. T. direkt mit Meerrettich-
Peroxidase gekoppelt. In der überwiegenden Zahl der Versuchsansätze wurde zunächst jedoch die Globulinfraktion gewonnen.
Dabei wurde den Seren im Eisbad das gleiche Volumen einer 4 M
Ammoniumsulfatlösung pH 6,9 tropfenweise unter Rühren zugesetzt,
der entstandene Niederschlag nach 30-minütigem Nachrühren bei 4°C
und 4000 g 10 Minuten abzentrifugiert, das ausgefällte Protein
in PBS aufgenommen. Dieser Vorgang wurde zweimal wiederholt.
Die Abtrennung der restlichen Ammoniumsulfationen erfolgte säulen-
chromatografisch an Sephadex G25, Elutionsflüssigkeit war 0,01 M
Phosphatpuffer, pH 6,9. Der Erfolg der Abtrennung der

* Herrn Prof. Dr. G. Trautwein, Abt. Immunpathologie, Institut
  für Pathologie der Tierärztlichen Hochschule Hannover, sei für
  die Unterstützung an dieser Stelle noch einmal gedankt.

Ammoniumsulfationen wurde mit $BaCl_2$ überprüft. Nach der Einengung
der Globulinfraktion wurde mit Hilfe der Biuret-Methode der Protein-
gehalt der Lösung spektralphotometrisch bestimmt.

c) Herstellung der Meerrettich-Peroxidase/Antikörper-Konjugate

  α) Methode nach Avrameas und Ternyck
  1. 10 mg Kaninchen-Globulin in 1,0 ml 0,1 M Phosphatpuffer
     pH 6,9 lösen.
  2. 25 mg Meerrettich-Peroxidase in 1,0 ml 0,1 M Phosphatpuffer
     pH 6,9 lösen (Peroxidase Typ VI, RZ 2,9, 25000U / Fa. Sigma
     Chemicals Co, München).
  3. Unter langsamem Rühren (Magnetrührer) beide Lösungen mit-
     einander vermischen.
  4. Dem Gemisch 0,1 ml einer frischen 1%igen Glutaraldehyd-
     lösung unter Rühren zugeben (Fa. Sigma Chemicals Co, München).
  5. Reaktionsgemisch zwei Stunden bei Zimmertemperatur stehen-
     lassen.
  6. Dialyse gegen PBS bei 4°C über Nacht.
  7. 1 ml 0,2 M L-Lysin pH 7,0 hinzugeben und das Reaktionsgemisch
     erneut zwei Stunden stehenlassen.
  8. Das entstandene Präzipitat bei 30000 g, + 4°C, 30 Minuten
     zentrifugieren, Niederschlag verwerfen.
Der Überstand bildet die Stammlösung der markierten Antikörper.
Sie ist bei Gebrauch zu verdünnen und im Kühlschrank (4°C)
mehrere Monate haltbar.

  ß) Methode der Meerrettich-Peroxidase-Kopplung an Antikörper
     nach Nakane und Kawaoi (1974)
  1. 5 mg Peroxidase (Typ VI, Fa. Sigma Chemicals Co, München)
     in 1 ml 0,3 M Na-Carbonatpuffer pH 8,1 lösen.
  2. Der Lösung 0,1 ml 1%iges FDNB (1-fluoro-2,4-dinitrobenzol)
     in absolutem Äthanol hinzugeben und bei Raumtemperatur eine
     Stunde leicht bewegen.
  3. Zugabe von 1 ml 0,04-0,08 M Na-meta-perjodat.
  4. Nach 30 Minuten die Reaktion durch Zugabe von 1 ml 0,16 M
     Äthylenglycol abstoppen.
  5. Eine Stunde nachrühren lassen.
  6. Dialyse gegen 0,01 M Na-Carbonatpuffer pH 9,5.

7. 5 mg Immunglobulin in Na-Carbonatpuffer pH 9,5 lösen.

8. Peroxidaselösung und Immunglobulinlösung 3 Stunden langsam miteinander vermischen.

9. Zur Stabilisierung 5 mg $NaBH_4$ zugeben.

10. 4 Stunden bei +4°C stehenlassen.

11. Dialysieren gegen PBS und säulenchromatographisch fraktionieren über Sephadex G100, um die überschüssige Peroxidase zu entfernen.

12. Den Antikörper-Merrettichperoxidase-Konjugaten (1. Peak) pro ml 10 mg Rinderserumalbumin* zur Stabilisierung beigeben.

* Das Rinderserumalbumin wurde selbst gewonnen:

1. Rinderschlachtblut bei +4°C über Nacht gerinnen lassen.

2. Serum bei 800 g abzentrifugieren.

3. Serum mit gleichem Volumen 4M Ammoniumsulfatlösung pH 6,9 versetzen, 30 Minuten nachrühren.

4. Globulinniederschlag bei 5000 g 10 Minuten abzentrifugieren.

5. Oberstand mit kristallinem Ammoniumsulfat versetzen, so daß eine gesättigte Lösung entsteht (4M).

6. Zentrifugieren bei 5000 g 10 Minuten

7. Aufnehmen des Albuminniederschlages in PBS.

8. Säulenchromatographische Abtrennung der Ammoniumsulfationen an Sephadex G25.

9. Ankonzentrieren.

10. Einstellen des Proteingehaltes nach Eiweißbestimmung (Biuret-Methode)

d) Kopplung der markierten Antikörper an Bakterienantigen

α) Von gewaschenen Bakteriensuspensionen wurden Objektträgerausstriche angefertigt, luftgetrocknet, in Methanol 10 Min. bei +4°C fixiert und anschließend 3x3 Minuten in PBS gewaschen. Die Ausstrichregion wurde dann mit einem Tropfen Antikörper-Peroxidase-Konjugat überschichtet und 30 Minuten bei 37°C in einer feuchten Kammer inkubiert. Danach wurde das Konjugat dekantiert und die Objektträger 3x3 Minuten in PBS gewaschen.

β) In PBS suspendierte Bakterienzellen wurden im Reagenzglas mit Antikörper-Peroxidase-Konjugat versetzt, 30 Minuten bei 37°C inkubiert, bei 10000 g, +4°C, 15 Minuten herabzentrifugiert.

Ein weiterer Waschvorgang wurde durchgeführt.
Diese markierten Bakteriensuspensionen dienten u. a. der
Austestung des Immun-Chemilumineszenz-Verfahrens. Zur
Kontrolle wurden Objektträgerausstriche angefertigt und
weitere Proben z. B. zur Auszählung in der Kammer nach
Bürker-Türk abgezweigt.

e) Qualitativer Nachweis einer spezifischen direkten Anti-Körper-
Meerrettich-Peroxidase-Kopplung an Bakterienoberflächen

Objektträgerausstriche mit markierten Bakterien.
Der Nachweis der Peroxidasereaktion erfolgte mit Hilfe der
DAB-Reaktion.

1. 50 mg DAB (3,3-Diamino-benzidin-tetrahydrochlorid, Fa. Fluka)
   in 100 ml TRIS-HCl-Puffer geben. (0,02 M TRIS mit 1 n HCl
   auf pH 8,0 einstellen = Stammlösung, 1 Teil TRIS-HCl Stammlösung vor Gebrauch mit 9 Teilen 0,15 M NaCl mischen)
2. Das Gemisch 20 Minuten im Eisbad unter Lichtausschluß rühren.
3. Filtrieren über ein Papier-Falten-Filter.
4. Ansetzen einer 1%igen H_2O_2-Lösung.
5. 1 ml der DAB-Lösung verwerfen und durch 1 ml 1%ige H_2O_2-
   Lösung ersetzen.
6. Objektträgerausstriche zur Durchführung der enzymatischen
   Reaktion ca. 20 Minuten bei 37°C in DAB-H_2O_2-Lösung inkubieren.
7. Abspülen mit 0,15 M NaCl.
8. Abtrocknen.
9. Eindecken in Glycerin-Gelatine.
10. Mikroskopische Untersuchung.

Zur Auszählung der markierten Zellen wurde ein definiertes
Volumen von Zellsuspensionen, die peroxidase-markierte Bakterienzellen enthielten, auch im Reagenzglas mit DAB-H_2O_2-Lösung
inkubiert. Anschließend wurde die Suspension mit Hilfe der
Zentrifuge gewaschen und in definiertem Volumen wieder aufgenommen.

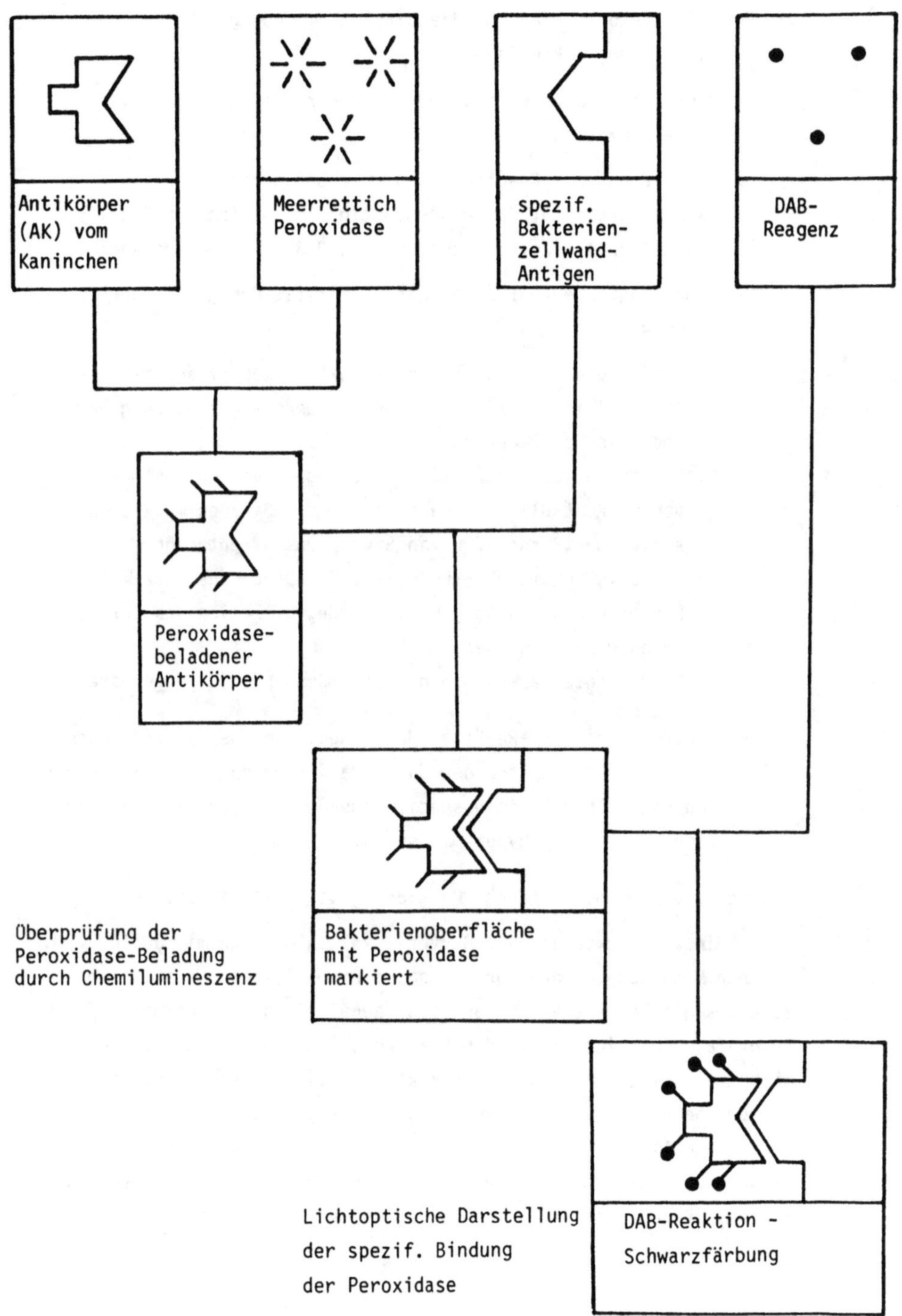

Abb. 1 Schematische Darstellung des direkten immunenzymatischen
        Nachweises von Bakterienzellen

f) Spezifitätskontrollen für die direkte immunologische
Markierung von Bakterien

   α) Überprüfung auf Peroxidase/Katalaseaktivität der nativen
     Bakterienzellsuspensionen.

     Überprüfung der Reaktion nach Erschöpfen der Peroxidase/
     Katalaseaktivität durch 30-minütige Inkubation der E.coli
     und Salmonella Zellsuspensionen in 0,5% H_2O_2 in Methanol.

   β) Immunologische Kontrollen auf Spezifität der Antikörper-
     bindung.

     1. Absättigung der spezifischen Bakterienoberflächen-
       Antigene mit spezifischen Antikörpern - Auslöschung der
       spezifischen Reaktion.
     2. Überprüfen der spezifischen Konjugate an anderen Anti-
       genen. Kontrolle des Ausbleibens der Bindung markierter
       Antikörper, wenn z. B. an Stelle des Streptococcus
       faecalis Serumtyp D-Konjugates Streptococcus faecalis
       Serumtyp A-Konjugat gewählt wurde, um Zellen des Serum-
       types D nachzuweisen.
       Polyvalente Seren wurden an fremden Spezies ausgetestet.

   γ) Kontrolle der DAB-Reaktion durch Weglassen des spezifischen
     Antikörper-Konjugats oder durch das Ersetzen des spezifischen
     Konjugates durch ein unspezifisches bzw. durch Einsatz von
     nicht markierten Hyperimmunseren.

3. Indirekte enzymimmunologische Markierung von Bakterienzellen

Die indirekte Markierung von Bakterienzellen mit enzymimmunologischen Methoden hat den Vorzug, daß die spezifischen Antikörper
z. B.: Kaninchen-Anti-Streptococcus faecalis Typ D nicht mit
Peroxidasen markiert zu werden brauchen, sondern daß man sie zunächst an die zu untersuchenden Bakterien bindet. Als Nachweisreagens benötigt man eine zweite Antikörpergruppe, die gegen
Kaninchenantikörper gerichtet ist. Die Anti-Kaninchen-Antikörper
müssen von einer anderen Spezies als Kaninchen gewonnen werden und
dann mit Peroxidase als Nachweisreagens gekoppelt werden.

Gewinnung von Hyperimmunseren gegen Kaninchen-Immunglobulin G
in der Ziege

a) Herstellung von Kaninchen IgG

Das für die Hyperimmunisierung einer Ziege benötigte Kaninchen
IgG wurde durch dreimalige Fällung (Endkonzentration 2M) mit
Ammoniumsulfat als Rohfraktion gewonnen, über Sephadex G25 von
Ammoniumsulfationen säulenchromatographisch getrennt und über
Sephadex G200 mit TRIS-HCl-Puffer pH 8,0 vorgereinigt.
Der erste Peak wurde verworfen, der zweite, der die IgG-Fraktion
enthält, mit 0,02 M Phosphatpuffer pH 8,0 an DEAE-Cellulose
chromatographiert.
Die mit dem Startpuffer eluierte Fraktion erweist sich als
reines Immunoglobulin G und bildet in der Immunelektrophorese
eine einheitliche Linie im YG-Bereich.

b) Gewinnung des Hyperimmunserums gegen Kaninchen IgG

Anti-Kaninchen-IgG wurde in der Ziege gewonnen.
0,5 mg Kaninchen IgG wurden pro kg Körpergewicht teils subcutan
teils intramuskulär, bei der Erst-Immunisierung mit komplettem
Freund'schem Adjuvans (Fa. Travenol, München), verabfolgt. Die
Blutentnahme an der V. jugularis erfolgte 10 Tage nach der
letzten Injektion.
Das gewonne Hyperimmunserum erwies sich als spezifisch gegen
Kaninchen IgG gerichtet. Die Auswertung der semiquantitativen
Agargeldiffusionsmethode nach Ouchterlony durch Verdünnung des
Serum in geometrischer Reihe ergab den sehr hohen Präzipita-
tionsliter von 1:32.

Die Gewinnung der Ziegen-Anti-Kaninchen IgG-Fraktion erfolgte
analog der Methode wie sie für die Gewinnung des Kaninchen IgG-
Antigens oben beschrieben wurde.

c) Die Kopplung des Ziegen IgG mit Meerrettichperoxidase erfolgte
entsprechend den bei der "direkten enzymimmunologischen Methode"
gemachten Angaben nach zwei Methoden:

1. nach Avrameas und Ternyck
2. nach Nakane und Kawaoi

d) indirekte immunologische Markierung von Bakterienzellen

1. Die gewaschene Bakterienzellsuspension mit spezifischem
Antiserum 30 Minuten bei 37°C unter leichtem Rühren inkubieren.

   - Hierzu wurden sowohl kommerziell erworbene, als auch im
   Rahmen dieses Forschungsvorhabens hergestellte Antiseren
   verwendet.

2. Danach die Bakterienzellen abzentrifugieren.

   - Der Überstand wurde teils verworfen und teils an frischen
   Zellen überprüft, ob ein ausreichender AK-Überschuß zum
   Einsatz gekommen war.

3. Die Zellsuspension mit TRIS-HCl-gepufferter 0,15 M NaCl,
pH 6,9 aufnehmen und waschen (Kühlzentrifuge, 10000 g, 10 Min.)

4. Den in TRIS-HCl gepufferter 0,15 M NaCl, pH 6,9 suspendierten,
spezifische Antikörper vom Kaninchen tragenden Bakterienzellen
jetzt mit Peroxidase markierte Ziegen-Anti-Kaninchen-Anti-
körper als Indikatorträger (Peroxidase) zugeben, die Suspension
30 Minuten bei 37°C inkubieren.

5. Anschließend die Bakterienzellen 10 Minuten bei 10000 g abzentrifugieren und wieder waschen. Die Bakteriensuspensionen
in definiertem Volumen wieder aufnehmen.

   - Die Waschflüssigkeit wurde auf Peroxidasereste überprüft.

e) Die Austestung auf Spezifität der immunologischen Kopplung
erfolgte wie bei der direkten immunenzymatischen Kopplung.

Als weitere Kontrollprobe wurde hier das spezifische Antiserum
durch ein unspezifisches ersetzt. Dieser Schritt wurde auch in
die Spezifitätskontrolle der DAB-Austestung mit einbezogen.

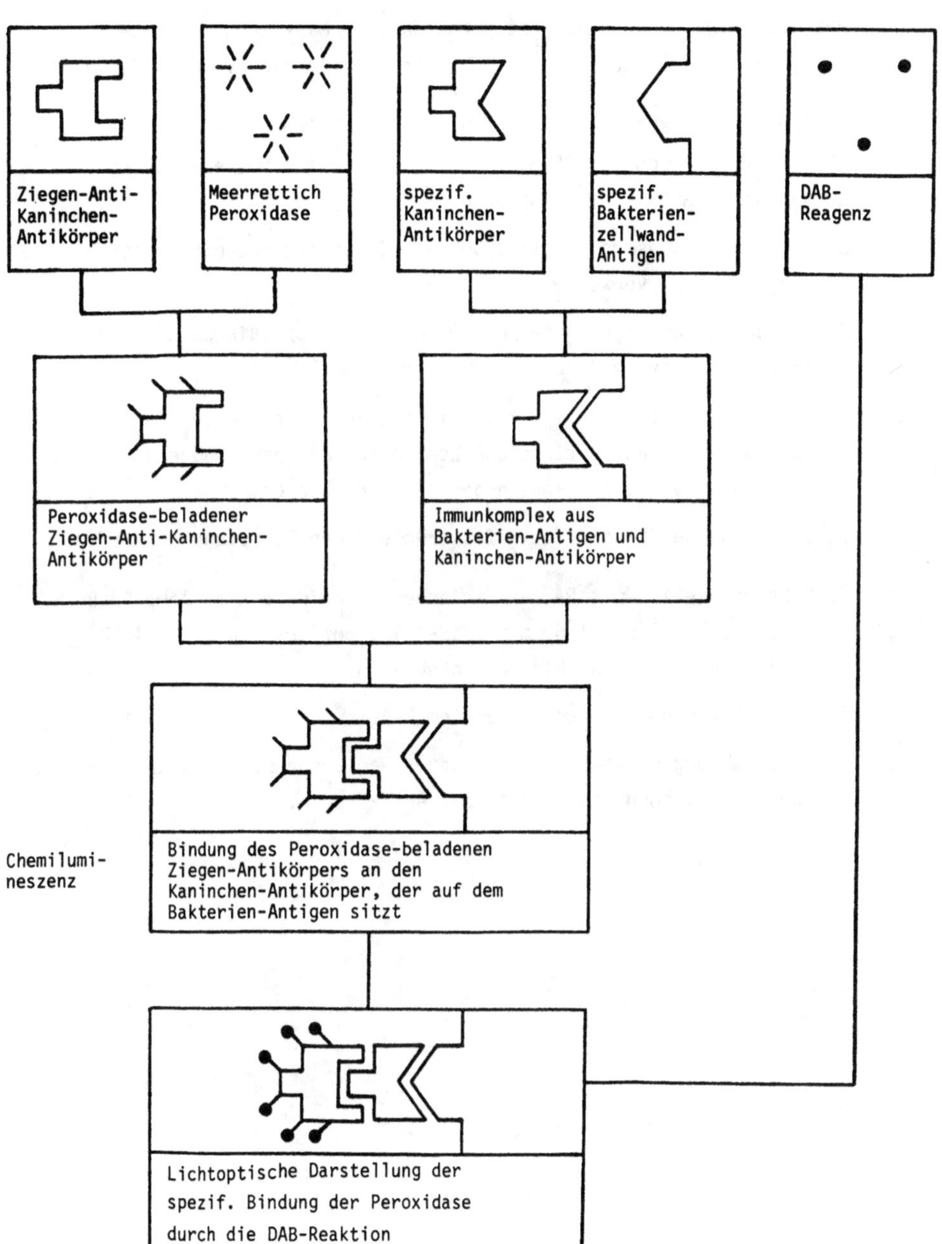

Abb. 2   Schematische Darstellung des indirekten immunenzymatischen Nachweises von Bakterienzellen

4. PAP (Kaninchen Peroxidase-Antiperoxidase) - Markierungsmethode
modifiziert nach Sternberger (J. Histochem. Cytomche. _22_; 782, 1974)

1. Gewaschene Bakterienzellsuspensionen in TRIS-HCl gepufferter
   0,15 M NaCl, pH 76   30 Minuten bei 37°C mit dem spezifischen
   Kaninchen-Antiserum inkubieren.

2. Das Inkubationsmedium bei 10000 g   10 Minuten anzentrifugieren,
   den Oberstand verwerfen.

3. Die Bakterien in oben genanntem Puffer resuspendieren und
   erneut abzentrifugieren.

4. Ziege-Anti-Kaninchen IgG 1:150 in TRIS-HCl gepufferter NaCl,
   pH 7,6 verdünnen, darin die Bakterienzellen resuspendieren
   und anschließend 30 Minuten bei 37°C inkubieren.

5. Die flüssige Phase abzentrifugieren und den Oberstand verwerfen.

6. Bakterienzellen mit PAP - (Kaninchen Peroxidase-Anti-Peroxidase,
   Cappel Lab. 6556), 1:50 mit TRIS-HCl gepufferter NaCl, 0,15 M,
   pH 7,6 verdünnt - 30 Minuten inkubieren.

7. Zweimal waschen in oben genanntem Puffer.

8. Durchführung der DAB-Reaktion unter Weglassen bzw. Austauschen
   von spezifischen Reagenzien bzw. Antikörpern.

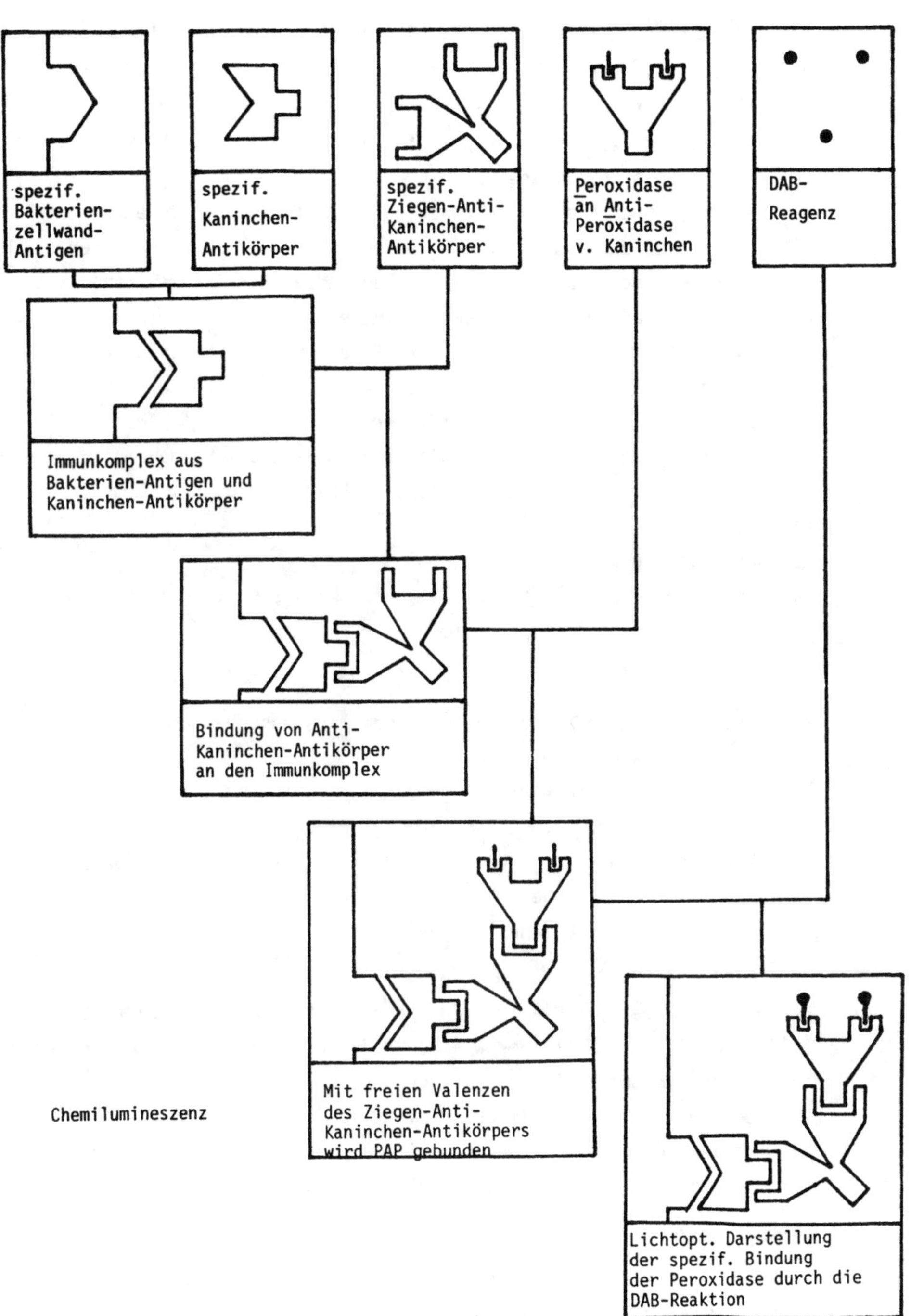

Abb. 3   PAP-Methode nach Sternberger, schematische Darstellung

5. Chemilumineszenzmessung zur quantitativen Erfassung von Peroxidase

Der quantitative Nachweis von Photonen, die bei der Oxidation von
Pyrogallol mit nascierendem Sauerstoff aus Hydrogenperoxid entstehen, erlaubt einen Rückschluß auf die Quantität bzw. Aktivität
des Katalysators Peroxidase.

Als Meßgerät wurde hierfür überwiegend ein Lumineszenz-Biometer
760 der Fa. Du Pont eingesetzt. Dieses Gerät eignet sich in erster
Linie für den Nachweis von ATP unter Verwendung des Enzymsystems
Luciferin-Luciferase mit der Lumineszenztechnik.

Es erwies sich als zweckmäßig, ein weiteres Gerät - Lumacounter
M 2000 der Fa. Abimed - heranzuziehen. Dieses Gerät konnte nur
leihweise für einen Monat beschafft werden.

Als Reaktionspartner für den nascierenden Sauerstoff wurde ein
Fertigreagenz (Lumanol - 100, 3-amino-phthalhydroxid, Fa. Abimed)
verwendet.

Zur Untersuchung kamen:

a) 10 mg Peroxidase (Typ VI, Fa. Sigma Chemicals Co.,) gelöst in
   100 mg Phosphatpuffer pH 6,9

b) Katalasepositive Bakteriensuspensionen

c) Inaktivierte katalasepositive Bakteriensuspensionen

d) Mit Hilfe von direkter

     indirekter

   und PAP - Immunreaktion auf die

  Bakterienzellen Streptococcus faecalis Serumtyp D (DSM 20376)

        Escherichia coli (ATCC 11303)

        Salmonella typhimurium

 gekoppelte Peroxidase.

Ferner wurden bei der Präparation der peroxidasebeladenen Bakterienzellsuspensionen anfallende Zwischenprodukte und Waschflüssigkeiten
ausgetestet. Außerdem wurden Mischkulturen analysiert.

Darüber hinaus wurden Spülflüssigkeiten von Fleischoberflächen,
die mit den genannten Bakterien infiziert und anschließend bebrütet
worden waren, nach Immun-Peroxidasekopplung untersucht.

Versuchsansätze (Du Pont-Gerät):

1. Lumanol 100 mit 0,1 M Phosphatpuffer, pH 6,9 unter Zusatz von
   0,01 M $(NH_4)_2SO_4$ 1:4 verdünnen.

2. 0,1%ige Lösung von H_2O_2 aus 30%igem Wasserstoffperoxid herstellen.

3. jeweils 0,1 ml Phosphatpuffer mit automatischer Pipette in Reaktionsküvetten verbringen.

4. Die Lumanolverdünnungen mit je 100 µl 0,1 % H_2O_2 versetzen.

5. Die Reaktionsküvette mit dem Lumanol-H_2O_2 Gemisch in das Biometer verbringen.

6. Mit der halbautomatischen 250 µl Spritze werden 100 µl der zu untersuchenden Suspension eingespritzt.

Das Pu Pont Gerät mißt lediglich die Photonen, die in den ersten 5 Sekunden nach Auslösen des Meßvorganges in der zu analysierenden Flüssigkeit frei werden.

Der Lumacounter Modell 2000 der Fa. Abimed erlaubt dagegen wahlweise eine Dauereinzelmessung oder eine integrierte Messung (einstellbar 10, 30 oder 60 Sek.). Die Reagenzienzugabe erfolgt vollautomatisch (100 µl), der Probenraum ist thermostatisiert. Mit diesem Gerät lassen sich die Reaktionsabläufe weit besser verfolgen.

B. Ergebnisse

I Die in Standard I-Nährbouillon (Merck) 24 Stunden bei 37°C bebrüteten
   Bakterienkulturen ergaben Zellzahlen, die in der Regel zwischen 5×10^7
   und 5×10^9 Zellen pro ml lagen.

II Direkte enzymimmunologische Markierung von Bakterienzellen

a α) Beim Austesten (Objektträgeragglutination) erwiesen sich die
     kommerziell erworbenen Antiseren als spezifisch.

  β) Die selbst hergestellten Antiseren gegen Streptococcenantigen bzw.
     Salmonella typhimurium-Antigen wiesen Mängel auf. Die Seren ließen
     einen schwachen Titer gegen E.coli erkennen, das Anti-Salmonella-
     typhimurium-Serum war darüber hinaus nicht frei von Antikörpern
     gegen Streptococcen.

     Die spezifischen Antiseren wurden z. T. direkt mit Meerrettich-
     peroxidase gekoppelt. Da Störfaktoren - insbesondere Aktivitäts-
     verluste der Peroxidase - vermutet wurden, erfolgte zumeist eine
     Abtrennung der Globulinfraktion.
     Das Arbeiten mit den relativ geringen Mengen der kommerziellen
     Antiseren ist bei der direkten immunenzymatischen Kopplung schwierig,
     es mußten mehrere Portionen gepoolt werden, um zu ausreichenden
     Konjugatmengen zu kommen.
     Die Spezifitätskontrollen für die direkte immunologische Markierung
     von Bakterien führten an Hand der DAB-Reaktion mit den kommerziellen
     Antiseren für Konjugate nach Avrameas und Ternyck, sowie auch für
     Konjugate nach Nakane und Kawaoi zu vergleichbaren Ergebnissen.

b α) Überprüfung auf Peroxidase/Katalaseaktivität der nativen
     Zellsuspensionen.

     Für Salmonella typhimurium und E.coli ergaben sich schwach ange-
     deutete Reaktionen.
     Diese waren zu beseitigen, wenn die Zellen zuvor 30 Minuten einer
     Lösung von 0,5% H_2O_2 in Methanol ausgesetzt gewesen waren.

     Zur Austestung der Chemilumineszenz wurden aus diesem Grunde
     vorwiegend Streptococcen- und Anti-Streptococcen-Konjugate ver-
     wendet.

ß) Immunologische Kontrollen auf Spezifität der Antikörperbindung.

1. Absättigung der spezifischen Bakterienoberflächen-Antigene mit
   spezifischen Antikörpern.

   Hierbei kam es zu einer sehr starken Herabminderung der
   spezifischen Reaktion. Eine vollständige Auslöschung darf nicht
   erwartet werden.

2. Ein wichtiger Test auf Spezifität der Konjugate ist die Verwendung von fremdem Antigen, d. h. anderen Bakterienspezies bzw.
   bei verschiedenen Serumtypen einer Spezies die Auswechslung der
   Serumtypen in bezug auf das Konjugat (Antikörper) bzw. die
   Bakteriensuspension (Antigen).
   Indem die Konjugate nur deutliche Reaktionen mit den ent-
   sprechenden Antigenen (Bakterienzellsuspensionen) ergaben,
   erwiesen sie sich als spezifisch.

3. Auch die DAB-Reaktionskontrollen ließen die Spezifität der
   direkten enzymimmunologischen Markierung erkennen.

4. Die Austestung der im Rahmen dieser Untersuchungen hergestellten Anti-Salmonella- und Anti-Streptococcus-Antiseren
   ergab erwartungsgemäß keine Serumspezifität für Streptococcus
   faecalis Serumtyp D bzw. Salmonella typhimurium.
   Wie oben bereits erwähnt, bestand daneben eine Restaktivität
   gegen andere Spezies.
   Dennoch wurden die Konjugate eingesetzt, um preislich günstiger
   mit direkten Verfahren arbeiten zu können. Der Einsatz ist
   gerechtfertigt, wenn Bakterienreinkulturen zur Anwendung kommen
   und daher unspezifische Antikörper nicht abgebunden werden.

5. Die unterschiedlichen Kopplungsverfahren ließen mikroskopisch
   nach DAB-Reaktion keine eindeutigen Unterschiede erkennen.

6. Mikroskopisch erkennbar war jedoch, daß serumtyp-spezifische
   Konjugate gegenüber polyvalenten Anti-Seren (gegen die gleichen
   Spezies gerichtet) - z. B. Anti-Salmonella typhimurium-Konjugat
   gegenüber Anti-Salmonella-Konjugat - eine schwächere Reaktion
   aufwiesen.
   Dieses Ergebnis dürfte von der Zahl der zur Verfügung stehenden
   antigenen Determinanten auf der Bakterienoberfläche bestimmt
   sein.

III Indirekte enzymimmunologische Markierung von Bakterienzellen

Die indirekte immunologische Markierung erlaubt den äußerst spar-
samen Einsatz von spezifischen Antiseren, während nur ein einzelnes
Konjugat - gegen Kaninchen-Antikörper gerichtet - hergestellt werden
muß.
Das verwendete Ziegen-Anti-Kaninchen-Hyperimmunserum erwies sich als
hochspezifisch.
Die Konjugate zeigten keine erfaßbare Aktivität gegenüber den getesteten Bakterientestzellen. Da auch die für die direkte Testung
beschriebenen Kontrollreaktionen negativ waren, ist von einer spezifischen Reaktion auszugehen.

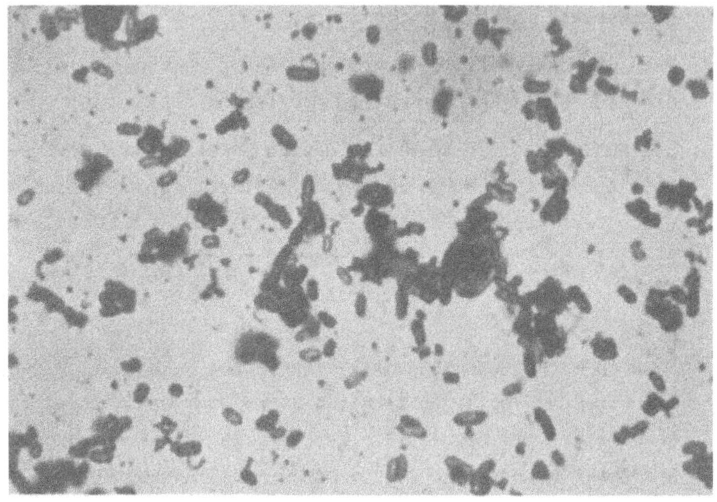

Abb. 4 Salmonella typhimurium - indirekter immunenzymatischer Nachweis

Kaninchen-Anti-Salmonella typhimurium-Antiserum (Behringwerke
AG, Marburg)

Ziegen-Anti-Kaninchen-Peroxidase-Konjugat

Reinkultur Salmonella typhimurium

Im Rahmen der weiteren Untersuchungen ergab sich für das indirekte
immunenzymatische Verfahren, daß die Testzellen stärker agglutinierten,
was insbesondere bei der Chemilumineszenztestung negative Auswirkungen
hatte.
Bei Untersuchungen von Mischkulturen erwies sich das indirekte Verfahren
für die Erfassung einzelner Bakterienarten bzw. Serumtypen als ausreichend spezifisch. Dennoch muß festgestellt werden, daß eine Restaktivität auch auf Bakterienzellen, die nicht spezifisch markiert sein
konnten, nachweisbar war. Bei Verwendung der im Rahmen dieser Untersuchungen hergestellten Kaninchenantiseren verstärkte sich dieser
Effekt erheblich. Wurden die Bakterien von beimpften Lebensmitteln
z. B. Fleisch zurückgewonnen, so war die Reaktion bei Verwendung dieser
Seren nicht mehr als spezifisch anzusehen.

IV   PAP - (Kaninchen Peroxidase-Antiperoxidase -) Methode nach Sternberger

Dieses im Rahmen der Immunhistochemie als äußerst sensible Methode
angewandte Verfahren ist ebenfalls zur spezifischen Markierung von
Bakterienzellen verwendbar.
Die Methode hat den Vorteil, daß sie ganz auf kommerziellen
Reagenzien basiert. Es ist keine Peroxidase-Kopplung an Proteine
notwendig, da die Kaninchen-Anti-Peroxidase-Antikörper immunologisch
das Enzym binden, ohne es zu inaktivieren.
Dieses Reagenz ist als PAP kommerziell zu erwerben. Da es relativ
teuer ist, wurde diese Form der Bakterienantigenmarkierung nicht
sehr umfangreich ausgetestet. Die Reaktion ist sehr spezifisch.

V   Ergebnisse der Chemilumineszenzuntersuchungen

Vorversuche mit Verdünnung von Meerrettichperoxidase in geometrischer
Reihe zeigen, daß sich mit Hilfe von Lumanol und H_2O_2 reproduzierbare
Abstufungen der einzelnen Messdaten, die mit dem Biometer gewonnen
werden, erfassen lassen.

Tab. 1 Reihendünnungen von Peroxidase
(Meerrettichperoxidase Typ VI, RZ 2,9, 25 000 U, Fa. Sigma)
Messung mit Lumineszenz-Biometer 760, Fa. Du Pont

Konzentration der Peroxidase	Lichtintensität in BA Einzelmessungen	(Biometer-Anzeige pro 100µl) Mittelwert
10mg/100ml	$1,64 \times 10^9$	
	$2,05 \times 10^9$	
	$1,59 \times 10^9$	
	$1,79 \times 10^9$	
	$1,79 \times 10^9$	$1,77 \times 10^9$
1mg/100ml	$1,93 \times 10^8$	
	$1,81 \times 10^8$	
	$2,59 \times 10^8$	
	$2,04 \times 10^8$	
	$1,96 \times 10^8$	$2,07 \times 10^8$
0,1mg/100ml	$2,51 \times 10^7$	
	$2,29 \times 10^7$	
	$2,33 \times 10^7$	
	$2,00 \times 10^7$	
	$1,75 \times 10^7$	$2,18 \times 10^7$
0,01mg/100ml	$4,63 \times 10^6$	
	$4,82 \times 10^6$	
	$4,75 \times 10^6$	
	$4,35 \times 10^6$	
	$5,35 \times 10^6$	$4,78 \times 10^6$
0,001mg/100ml = 1,0 µg/100ml	$0,03 \times 10^5$	
	$0,00 \times 10^5$	
	$0,01 \times 10^5$	
0,1 µg/100ml	$0,00 \times 10^5$	
	$0,01 \times 10^5$	
	$0,02 \times 10^5$	
0,01 µg/100ml	$0,01 \times 10^5$	
	$0,00 \times 10^5$	
	$0,03 \times 10^5$	

Im Rahmen der Austestung von Peroxidaseverdünnungen wurde festgestellt, daß die zu messende Reaktion um so langsamer verläuft, je geringer die Konzentration der Peroxidase-Einheiten ist.
Erst mit dem leihweise genutzten Gerät (Fa. Abimed, Lumacounter M 2000) konnte der zeitliche Ablauf der Reaktion genauer ermittelt werden:

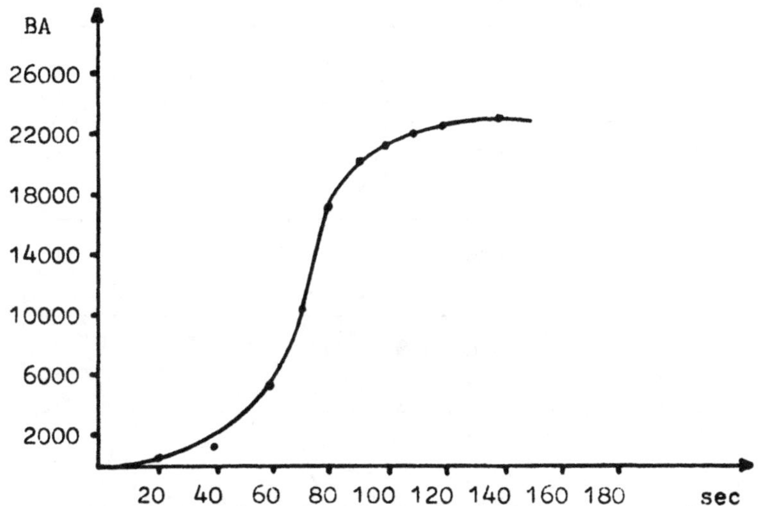

Abb. 5 Kurvenverlauf bei 0,01 mg Peroxidase/100ml Pufferlösung
(Meerrettichperoxidase Typ VI, RZ 2,9, 25 000 U, Fa. Sigma)

BA: Lichtintensität in Biometer-Anzeige-Einheiten pro 100 µl
Probenansatz
sec: Zeit in Sekunden nach Aufgabe der Probe

Tab. 2   Reaktionszeit in Abhängigkeit von den eingesetzten
         Peroxidaseeinheiten (Meerrettichperoxidase Typ VI, RZ 2,9,
         25 000 U, Fa. Sigma)
         Lumacounter M 2000, Fa. Abimed

Reaktionszeit	Peroxidase-konzentration	Biometer-Anzeige
ca. 60 sec	1mg/100ml	370 544 Überladungsanzeige 380 025
ca. 60 sec	0,1mg/100ml	149 653 163 451
ca. 3 min	0,01mg/100ml	13 017 16 819
ca. 30 min	1,0µg/100ml	1 273 1 812
ca. 45 min	0,1µg/100ml	228 237

Mit Hilfe des Lumacounter, Fa. Abimed konnte auch sichergestellt
werden, daß die eingesetzten Puffer, Lumanol und H_2O_2 keine spontanen
Werte lieferten. Die Blindwerte liegen im Bereich von 6 - 8 Biocounter-
Einheiten.
Außerdem wurde gefunden, daß zwischen Katalase-positiven und Katalase-
negativen Bakterien mit dem Biometer im Lumanol/H_2O_2-System kein ins
Gewicht fallender Unterschied feststellbar ist.

Direkte Kopplung der Peroxidase an spezifische Antiseren und
Austestung an Bakterienzellen mit den Biometern.

Tab. 3

Verdünnungsstufe	Streptococcus faecalis		Escherichia coli		Salmonella typhimurium	
	10s		10s		10s	
10^{-4}	71	93	68	59	60	72
	64	95	63	56	59	72
10^{-3}	66	92	65	66	71	83
	73	90	85	62	72	79
10^{-2}	77	74	113	126	141	148
	77	76	96	82	134	142
10^{-1}	94	85	29	122	59	73
	93	75	90	136	61	75

10s: Ablesung der Lichtintensität nach 10 Sekunden in BA-Einheiten

  :   Integration der jeweils maximalen BA-Einheiten über 2 Sekunden

Die Tabelle 4 gibt Ergebnisse wieder, wie sie mit Konjugaten nach Avrameas und Ternyck erzielt wurden.

Tabelle 5 zeigt Ergebnisse mit Antikörper-Peroxidase-Konjugaten, die nach der Methode von Nakane und Kawaoi hergestellt wurden.

Bei der Tabelle 6 handelt es sich um Messungen, die mit Konjugaten erzielt wurden, bei denen die Antikörper-Fraktion nicht vor der Kopplung an die Peroxidase aus dem Serum isoliert worden war.

Die Werte dieser drei Tabellen wurden mit dem Du Pont-Gerät erhalten.

Tab. 4   Messung mit Du Pont-Biometer

Mikroorganismen

Biometer-Anzeige

	Unverdünnte Suspension	1:10 verdünnt	1:100 verdünnt	1:1000 verdünnt	
Streptococcus faecalis	$0,49 \times 10^9$	$2,43 \times 10^7$	$5,63 \times 10^6$	$2,16 \times 10^6$	
KBE: $6,1 \times 10^8$/ml	$0,57 \times 10^9$	$3,23 \times 10^7$	$3,85 \times 10^6$	$0,45 \times 10^6$	
	$1,14 \times 10^9$	$2,61 \times 10^7$	$3,31 \times 10^6$	$1,43 \times 10^6$	
	$0,45 \times 10^9$	$3,03 \times 10^7$	$4,94 \times 10^6$	$0,73 \times 10^6$	
	$0,66 \times 10^9$	$2,83 \times 10^7$	$4,43 \times 10^6$	$1,19 \times 10^6$	Mittelwert
E.coli + Antiserum	$2,03 \times 10^7$	$5,10 \times 10^5$	$8,97 \times 10^5$		
polivalent I	$0,72 \times 10^7$	$4,69 \times 10^5$	$0,62 \times 10^5$		
KBE: $77,9 \times 10^7$/ml	$1,49 \times 10^7$	$3,83 \times 10^5$	$0,61 \times 10^5$		
	$0,75 \times 10^7$	$2,83 \times 10^5$	$6,86 \times 10^5$		
	$1,25 \times 10^7$	$4,11 \times 10^5$	$4,26 \times 10^5$		Mittelwert
E.coli + Antiserum	$7,95 \times 10^6$	$5,65 \times 10^5$	$2,84 \times 10^5$		
polivalent II	$8,71 \times 10^6$	$5,70 \times 10^5$	$2,73 \times 10^5$		
KBE: $1,8 \times 10^8$/ml	$7,92 \times 10^6$	$5,43 \times 10^5$	$3,02 \times 10^5$		
	$9,17 \times 10^6$	$5,18 \times 10^5$	$2,36 \times 10^5$		
	$8,44 \times 10^6$	$5,49 \times 10^5$	$2,74 \times 10^5$		Mittelwert

Tab. 4 - Fortsetzung

Salmonella typhimurium	$4,42 \times 10^9$	$0,89 \times 10^8$	$5,61 \times 10^6$	$1,48 \times 10^6$
KBE: $1,3 \times 10^9$/ml	$4,89 \times 10^9$	$1,18 \times 10^8$	$5,84 \times 10^6$	$0,96 \times 10^6$
	$4,55 \times 10^9$	$1,15 \times 10^8$	$5,01 \times 10^6$	$0,99 \times 10^6$
	$4,62 \times 10^9$	$0,99 \times 10^8$	$6,72 \times 10^6$	$1,76 \times 10^6$
	$4,60 \times 10^9$	$1,05 \times 10^8$	$5,80 \times 10^6$	$1,30 \times 10^6$	Mittelwert

Tab. 5   Messung mit Du Pont-Biometer

Biometer-Anzeige

Mikroorganismen	Unverdünnte Suspension	1:10 verdünnt	1:100 verdünnt	1:1000 verdünnt	
Streptococcus faecalis	$0,64 \times 10^7$	$0,31 \times 10^6$	$7,63 \times 10^5$	$3,50 \times 10^5$	
KBE: $8,4 \times 10^7$/ml	$0,80 \times 10^7$	$0,44 \times 10^6$	$8,26 \times 10^5$	$0,52 \times 10^6$	
	$0,83 \times 10^7$	$8,41 \times 10^6$	$6,84 \times 10^5$	$3,85 \times 10^5$	
	$0,66 \times 10^7$	$7,08 \times 10^6$	$8,32 \times 10^5$	$3,25 \times 10^5$	
	$0,73 \times 10^7$	$0,58 \times 10^6$	$6,01 \times 10^5$	$3,95 \times 10^5$	Mittelwert
E.coli + Antiserum	$4,56 \times 10^7$	$2,59 \times 10^6$	$0,88 \times 10^6$	$0,18 \times 10^6$	
polyvalent II	$3,78 \times 10^7$	$2,24 \times 10^6$	$0,86 \times 10^6$	$0,47 \times 10^6$	
KBE: $3,9 \times 10^8$/ml	$3,60 \times 10^7$	$1,99 \times 10^6$	$0,84 \times 10^6$	$0,54 \times 10^6$	
	$4,68 \times 10^7$	$2,31 \times 10^6$	$0,74 \times 10^6$	$0,42 \times 10^6$	
	$4,16 \times 10^7$	$2,28 \times 10^6$	$0,83 \times 10^6$	$0,40 \times 10^6$	Mittelwert
Salmonella typhimurium	$3,88 \times 10^8$	$2,77 \times 10^7$	$2,17 \times 10^6$	$1,35 \times 10^6$	
KBE: $1,6 \times 10^8$/ml	$5,73 \times 10^8$	$2,80 \times 10^7$	$1,55 \times 10^6$	$1,49 \times 10^6$	
	$5,35 \times 10^8$	$2,84 \times 10^7$	$1,99 \times 10^6$	$1,67 \times 10^6$	
	$5,95 \times 10^8$	$2,55 \times 10^7$	$1,74 \times 10^6$	$1,24 \times 10^6$	
	$5,23 \times 10^8$	$2,74 \times 10^7$	$1,86 \times 10^6$	$1,44 \times 10^6$	Mittelwert

Tab. 6   Messung mit Du Pont-Biometer

Biometer-Anzeige

Mikroorganismen	Unverdünnte Suspension	1:10 verdünnt	1:100 verdünnt	1:1000 verdünnt	
Streptococcus faecalis	$5,84 \times 10^6$	$0,03 \times 10^5$			
KBE: $7,6 \times 10^7$/ml	$7,30 \times 10^6$	$0,08 \times 10^5$			
	$7,06 \times 10^6$	$0,12 \times 10^5$			
	$6,42 \times 10^6$	$0,09 \times 10^5$			
	$6,66 \times 10^6$	$0,09 \times 10^5$			Mittelwert
E.coli	$3,20 \times 10^7$	$2,15 \times 10^6$	$0,43 \times 10^6$		
KBE: $6,8 \times 10^7$/ml	$2,27 \times 10^7$	$1,92 \times 10^6$	$0,69 \times 10^6$		
	$3,23 \times 10^7$	$1,87 \times 10^6$	$6,30 \times 10^5$		
	$3,54 \times 10^7$	$1,62 \times 10^6$	$7,29 \times 10^5$		
	$3,06 \times 10^7$	$1,89 \times 10^6$	$6,19 \times 10^5$		Mittelwert
Salmonella typhimurium	$2,15 \times 10^7$	$4,52 \times 10^5$	$0,08 \times 10^5$		
KBE: $1,0 \times 10^9$/ml	$1,95 \times 10^7$	$4,77 \times 10^5$	$0,08 \times 10^5$		
	$1,54 \times 10^7$	$7,63 \times 10^5$	$0,13 \times 10^5$		
	$2,09 \times 10^7$	$7,42 \times 10^5$	$0,30 \times 10^5$		
	$1,93 \times 10^7$	$6,09 \times 10^5$	$0,15 \times 10^5$		Mittelwert

Bei der mikroskopischen Kontrolle der markierten Bakterienzellsuspensionen stellte sich heraus, daß auch bei den direkten Markierungsmethoden sowohl nach Avrameas und Ternyck wie auch nach Nakane und Kawaoi
Agglutinationen von markierten Bakterienzellen vorkommen.

Die gefundenen Meßwerte lassen nur in den ersten beiden Verdünnungsstufen
lineare Zusammenhänge zwischen Zellzahlen und Biometermeßwerten deutlich
erkennen. Bei stärkeren Verdünnungen machen sich die Agglutinationen
stärker bemerkbar.

Ein Vergleich der Antikörper-Peroxidase-Kopplungsmethoden nach Avrameas
und Ternyck und nach Nakane und Kawaoi läßt die Überlegenheit der 2. Methode
deutlich werden.

Vergleichbare Zellsuspensionen lassen um ein bis zwei Zehnerpotenzen
höhere Meßdaten erkennen.

Tab. 7

Verdünnungsstufe	Reaktionszeit	Kopplung nach Nakane u. Kawaoi (in BA)		Verdünnungsstufe	Reaktionszeit	Kopplung nach Avrameas u. Ternyck (in BA)
10^{-1}	30s	408 579		10^{-1}	60s	305 095
		433 414	Oberladungs-anzeige			291 619
10^{-2}	30s	418 721		10^{-2}	60s	83 213
		417 129				76 909
10^{-3}	60s	292 514		10^{-3}	5min	7 602
		286 994				7 126
10^{-4}	2min	57 908		10^{-4}	30min	1 043
		57 890				968
10^{-5}	5min	3 136		10^{-5}	30min	15
		5 495				12
10^{-6}	10min	620				
		579				
10^{-7}	30min	69				
		54				

Das Ergebnis dieser Tabelle hat sich bei Nachprüfungen bestätigt.
Weiter konnte festgestellt werden, daß ein Waschvorgang zum Entfernen
nicht abgebundener Antikörper-Peroxidase ausreichend ist. Dies wurde
wiederholt bestätigt gefunden, wenn zellfreie Ultrafiltrate der Suspensionen
im Biometer untersucht wurden.
Weitere Waschvorgänge waren eher abträglich.

Indirekte Methode der immunologischen Kopplung von Peroxidase an
Bakterienoberflächen.

Die bei der mikroskopischen Beurteilung der Zellen feststellbare unspezifische Restaktivität von Peroxidase, die auch bei der DAB-Reaktion
ihren Ausdruck findet, ist auch mit Hilfe der Chemilumineszenztestung
indirekt immunologisch gekoppelter Peroxidase nachweisbar. Als weiterer
Nachteil kommt bei dieser Markierungsmethode hinzu, daß die Agglutination
der Bakterienzellen verstärkt wird. Daher erscheint die indirekte Methode
wenig geeignet für das Chemilumineszenzverfahren.

PAP-Reaktion und Chemilumineszenz.

Die PAP-Konjugation liefert vergleichsweise spezifische Markierungen der
Bakterienoberflächen, jedoch tritt eine Agglutination von Zellen auch
hier auf.

C. Zusammenfassung

Meerrettichperoxidase in geometrischer Reihenverdünnung ist über
Photonenfreisetzung im System "Lumanol"/Hydrogenperoxid mit Biolumineszenz-
meßgeräten quantitativ erfaßbar.
Bei der Kopplung der Peroxidase an Kaninchen- bzw. Ziegen-Immunglobulin
erweist sich die Methode nach Nakane und Kawaoi (1974) gegenüber der von
Avrameas und Ternyck (1971) als eindeutig überlegen.
Die getesteten Bakterienspezies: Streptococcus faecalis (D);
Escherichia coli und Salmonella typhimurium sind mit Hilfe der direkten,
der indirekten sowie der Sternberger-PAP enzymimmunologischen Markierungsmethoden nach DAB-Reaktion mikroskopisch in Misch- und Reinkulturen
quantitativ über die Auszählung in der Bürker-Türk-Kammer erfaßbar.
Bei Spülflüssigkeiten aus Lebensmitteln (Fleisch) erweist sich die direkte
enzymimmunologische Kopplung als spezifischer und weniger problembehaftet.
Insbesondere bei den indirekten Markierungsmethoden kommt es zur Agglutination von Bakterienzellen, die eine quantitative Abstufung erschwert.
Die kommerziell erhältlichen Antiseren sind mit den genannten Einschrän-
kungen verwendbar.
Eine quantitative Erfassung markierter Bakterienzellen mittels Chemilumi-
neszenz ist abhängig vom eingesetzten Lumineszenzmeßgerät. Der Biocounter
(Abimed, Modell 2000) erweist sich gegenüber dem Lumineszenz-Biometer
(Du Pont, Modell 760) für die genannten Untersuchungen als überlegen.
Die besten Ergebnisse wurden im direkten enzym-immunologischen Nachweis-
verfahren unter Peroxidase-Kopplung an Antikörper nach Nakane und Kawaoi
(1974) erhalten. Bakterienzellen waren so bis in den Bereich 10^3 bis 10^4
Zellen pro ml erfaßbar.
Der quantitative Nachweis über Chemilumineszenz wird durch die Zahl der
antigenen Determinanten pro Bakterienzelloberfläche mitbestimmt. Dies
konnte auch bei der vergleichenden Verwendung von polyvalenten Antikörper-
gemischen und serumtypspezifischen Antikörpersuspensionen beobachtet
werden.
Daraus ergibt sich, daß die Immun-Chemilumineszenzmethode im Prinzip
einsetzbar ist. Da über die Zahl der antigenen Determinanten jedoch
relativ wenig bekannt ist, sind weitere Untersuchungen erforderlich, ehe
diese Methode in der Praxis eingesetzt werden kann.

F. Literaturverzeichnis

1. Ahnström, G., R. Nilsson: Activation of chemieluminescent
   oxidations catalyzed by peroxidase and the differentiation
   of peroxidase agents.
   Acta Chem. Scand. 19, 313, 1965.

2. Avrameas, S., T. Ternyck: The crosslinking of proteins with
   glutaraldehyde and its use for the preparation of immuno-
   absorbents.
   Immunochemistry 6, 53, 1969

3. Avrameas, S., T. Ternyck: Peroxidase labelled antibody and Fab
   conjugates with enhanced intracellular penetration.
   Immunochemistry 8, 1175, 1971

4. Bascomb, S.: Rapid identification of bacteria from clinical
   specimes by continuous flow analyses. In: Johnston, M.M.,
   Newsom, S. W. B.: Rapid methods and automation in microbiology,
   Learned Information (Europe) Ltd., Oxford, N. Y., 1976, S. 53.

5. Baumgart, J., A. Genuit, Chr. Mecklenburg, P. Prösl: Biogene Amine
   in Feinkosterzeugnissen. Fleischw. 59, 719, 1979.

6. Engvall, E., I. Ljungström: Detection of human antibodies of Trichinella
   spiralis by enzymelinked immunosorbent assay, ELISA.
   Acta Pathol. Microbiol. Scand. Sect. C 83, 231, 1975.

7. Franckelton, A. R. Jr., R. P. Szaro, J. K. Weltman: A galactosidase
   immunosorbent test for carcinoembryonic antigen.
   Cancer Res. 36, 2845, 1976.

8. Goldschmidt, M., D.Y.C. Fung: Automated instrumentation for
   microbiological analyses.
   Food Technol. 33, 63, 1979.

9. Halmann, M., B. Veland, T. Sery: Rapid identification and quantitation
   of small numbers of microorganismes by a chemiluminescent immunoreaction.
   Appl. Environ. Microbiol. 34, 473, 1977.

10. Holdeman, L. V., Cato, E. P., Moore, W. E. C.: Anaerobe Laboratory
    Manual, 4th ed. Virginia Polytechnic Inst., Blacksburg, Virginia, 1977.

11. Ordonez, J. A.: Random number sampling method for estimation of lactic
    acid bacteria. J. appl. Bact. 46, 352, 1979.

12. Malik, K. A.: Rapid microdetection of biosynthetic biodegradative and
    metabolic products by circular thin layer chromatography.
    In: Johnston, M. M., Newsom, S. W. B., 1976.

13. Miller, C. A., P. O. Vogelhut: Chemiluminescent detection of
    bacteria: experimental and theoretical limits.
    Appl. Environ. Microbiol. 35, 813, 1978.

14. Nakane, P. K., G. B. Pierce: Enzymelabeled antibodies for the light and electron microscopic localization of tissue antigens. J. Cell Biol. **33**, 307, 1967.

15. Nakane, P. K., A. Kawaoi: Peroxidase-labeled antibody-a new method of conjugation. J. Histochem. Cytochem. **22**, 1084, 1974.

16. Saunders, G. C., E. H. Clinard: Rapjd micromethod of screening for antibodies to disease agents using the indirect enzyme-labeled antibody test. J. Clin. Microbiol. **3**, 604, 1976.

17. Saunders, G. C., M. L. Bartlett: Double-antibody solid-phase enzyme immunoassay for the detection of staphylococcal enterotoxin A. Appl. Environ. Microbiol. **34**, 518, 1977.

18. Seidler, D. G. Trautwein, K.-H. Böhm: Nachweis von Erysipelothrix insidiosa mit fluoreszierenden Antikörpern. Zbl. Vet. Med. B. **18**, 280, 1971.

19. Sharpe, A. N.: An alternative approach to food microbiology for the future. Food Technol. **33**, 71, 1979.

20. Sinell, H.-J.: Biogene Amine als Risikofaktoren in der Fleischhygiene. Arch. Lebensmittelhyg. **20**, 206, 1978.

21. Southern, P. M., Jr.: New developments in automation and rapid methods in microbiology. Food Technol. **33**, 54, 1979.

22. Sternberger, L. A., P. H. Hardy, J. J. Cuculis, H. G. Meyer: The unlabeled antibody enzyme method of immunochemistry. J. Histochem. Cytochem. **18**, 315, 1970.

23. Velan, B., M. Halmann: Chemiluminescence immunoassay; a new sensitive method for determination of antigens. Immunochemistry **15**, 331, 1978.

24. Williams, C. A., M. W. Chase: Methode in immunology and immunochemistry Vol 1. Academic Press, New York, 1967, p 319

Für die gewissenhafte Durchführung der Untersuchungen danken wir Frau Dipl.-Ing. Chr. Huy und Frau Dipl.-Ing. D. Färber.